シャチ 57
Killer whale

もっと知りたい！危険生物

≫防御は最大の攻撃？ 防御力の高い危険生物たち……21
≫大きな獲物を丸飲みごっくん！ アミメニシキヘビの秘密！…35
≫危険生物よりも本当に危険な存在とは……。密猟される動物たち…47
≫人もおそう！ ホッキョクグマは意外に腹ペコ！…59
さくいん……61

この本の見方

ユニークポイント
ほかの生物には見られない体の特徴や、ユニークなところを紹介しています。

危険ポイント
紹介する生物独自の敵との戦い方や、獲物のとらえ方を紹介しています。

基礎データ
その生物の分類や体長、すみかを紹介しています。

相手をよく知ろう
紹介する生物の武器や弱点など、その生物に関するよりくわしい情報を紹介しています。

ほかにもいる！危険な仲間
ほかにも注意するべきな、同じ種類や似たタイプの危険な生物の仲間を紹介しています。

Dangerous Creatures File
≫ No.001

しっぽの先のふさ毛
しっぽの先に黒いふさがある。ネコ科の仲間の中では、ライオンにだけある特徴だ。何のためのものかはっきりとしていないが、ネコジャラシのように子どものライオンをあやすときに使われる。

オスはあまり狩りをしない
目立つたてがみをもっているオスだが、実はあまり狩りには参加しない。ほかのオスから群れのメスを守るのがオスの大切な仕事だ。けれど、どこの群れにも入っていないオスは、自分自身が狩りをするしかない。

獲物の肉を切りさく長いきば！
8cmにもなる、長くてするどいきばをもつ。あごの力もとても強いので、獲物を引きたおすと、のどなどの急所を食いちぎって殺す。

出し入れできるつめ！
あしのつめはふだん引っこんで隠れているので、あし音を立てずに移動することができる。獲物をおそうときは力を入れて自由自在につめを出す。

獲物に食いこむライオンのつめ。

力と知能を合わせもつサバンナの最強王者
ライオン

哺乳類

体長　1.6〜2.5m

すみか　アフリカ・インド

百獣の王としても知られるライオンは、広い平原で群れをつくって生活している。狩りをするのはメスの仕事で、追いかける役、待ちぶせする役など、集団で役割を分担して獲物を追いつめる。まれにサイやカバ、ゾウなどの巨大な動物までねらうこともある、動物界最強のハンターだ。

アフリカの危険生物

ブチハイエナ ⑰
Laughing hyena

アフリカゾウ ⑨
African elephant

北極・南極・海の危険生物

マッコウクジラ 55
Sperm whale

ホッキョクグマ 49
Polar bear

セイウチ 53
Walrus

ヒョウアザラシ 51
Leopard seal

相手をよく知ろう 群れで狩りをする！

ライオンはネコ科の仲間の中で唯一、群れで狩りをする動物だ。群れで狩りをすると、ブチハイエナなどのライバルに、獲物をうばわれることが少なくなるからだといわれている。

相手をよく知ろう しのび寄っておそう！

ライオンの最高速度は時速約60kmと、たいへんあしが速い。しかし、スタミナがないため、長く追いかけ続けることはできない。だから、獲物との距離をしっかりつめて一気におそいかかる。あし裏の分厚い肉球のおかげで、あし音を立てずにそっと近づくことができるぞ。

Dangerous Creatures File
≫No.002

🔍 するどく発達した嗅覚
アフリカゾウはにおいを感じる遺伝子を約2000種類ももっているという。これはなんと人間の約5倍、イヌの約2倍！ 確認されている動物の中では最も多い。そのため、さまざまなにおいをかぎ分けることができるといわれる。

🔍 大きな耳で体を冷やす
大きなみみには何百という血管が走っている。この毛細血管を通して、体に流れる血液を冷やし、体の温度を下げている。

⚠ 前歯が変化した太くてするどいきば
上あごの前歯が太くするどく変化して、口の外に突き出ている。アフリカゾウのきばは、自動車の鉄のとびらも突き破ってしまうほど強力な武器だ。

⚠ 強い筋肉で動かす長い鼻
ゾウの仲間がもつ長い鼻は、上くちびると鼻がのびたもの。この鼻をまるで人間の手のように、器用に使って生活する。中に骨はなく、何万もの筋肉でできている。だからピーナッツのように小さくて軽いものも、大きくて重たい丸太も、上手につかむことができるのだ。

長い鼻と太いきばをもつ、陸上最大の動物
アフリカゾウ

哺乳類 | 体長 6〜7.5m | すみか アフリカ

アフリカのサバンナや森林に暮らす、陸上では最も大きい動物。長い鼻を器用に使い、草を食べたり水を浴びたりする。哺乳類の体長は、その動物の鼻先からしっぽのつけ根までを計る。鼻の長いアフリカゾウが鼻をぴんとのばしたと仮定すると、その体長は7m以上になることもある。体重が10tをこえるアフリカゾウもいて、これは平均的な日本人男性150人分よりもさらに重い。草食のため、ほかの動物をおそうことはめったにないが、うかつに近づくと攻撃されることもある。大きなカバやアフリカスイギュウですら、アフリカゾウのパワーにはふき飛ばされてしまう。

相手をよく知ろう メスをめぐって争う！

繁殖期になると、オスはメスをめぐって争う。数tもある重量級の巨体同士がぶつかり合うさまは、迫力満点だ！

ほかにもいる！ 危険なゾウの仲間

アジアゾウ

アフリカだけではなく、アジアにもゾウの仲間がすんでいる。アフリカゾウほど気性はあらくないが、畑をあらしたり、集落にあらわれて人をおそったりすることがある。古くから人間は、ゾウを運搬だけでなく、戦争にも用いてきた。巨大な体で突撃されると、ゾウに慣れていない兵士はあっという間に逃げてしまったという。

インドの街に迷いこんだアジアゾウ。追いはらうためには大きなトラックや重機が必要だ。

Dangerous Creatures File
≫No.003

⚠ ワニさえ食いちぎる長いきば！

体の大きなカバになると、50cmをこえる長いきばをもっていることも。大事ななわばりに近づいたワニなどは、ひとたまりもなく、簡単に食いちぎってしまう。奥歯でかむ力は1tをこえるほど強力だといわれている。

🔍 赤い汗でスキンケア

カバの皮膚はピンク色の粘液でおおわれている。乾燥や強い日差しの紫外線から、カバの体を守っている。

🔍 顔の上についている眼と鼻と耳

カバの眼と鼻と耳は、顔の上部についている。水にもぐりながら周囲をうかがうためだ。また、あらいごわごわした毛で囲まれている鼻の穴は、水中で暮らすのに便利なように、自由に閉じたり開いたりできる。

のんびりした見た目とは裏腹に、超凶暴！

カバ

体長	3〜5m
すみか	アフリカ

哺乳類

カバは昼間は水の中で暮らし、夜になると食事をしに岸へ上陸する。メスは群れをつくり、オスはそのまわりになわばりをつくって生活している。アフリカで動物が起こした人間の死亡事故の多くは、カバが関係したものだといわれ、毎年3000人近くの命が失われている。カバは、なわばり意識がたいへん強い動物なので、ほとんどの事故がカバのなわばりに誤って入ってしまい、起こったものと考えられている。

相手をよく知ろう 肉食動物さえおそう!

カバはもともと草食動物なので、肉を食べるために動物をおそうことは、めったにない。しかし、なわばりに入ってきた動物のことは、容赦なく攻撃する。ライオンやワニ、サイなどの大きな動物にもひるむことなく、撃退してしまう。

相手をよく知ろう 水底を泳がず歩く!

水の中で暮らすカバは、重い体をしずませ、水底を歩いて移動する。息を大きく吸いこみ、「うき」のように肺を空気でふくらませて、水面にうかぶこともできる。

Dangerous Creatures File
No.004

！ 固いうろこにおおわれた背中！
背中は固いうろこにおおわれている。銃で背中をうたれても平気だったという伝説のワニがいたくらい、とてもがんじょうだ。

🔍 子どもの世話をする
多くの爬虫類が卵を産みっぱなしで放置するのに対し、ナイルワニは卵がかえるまで巣を見守る。ときには口の中に卵を入れて、子ワニが出てくるのを手助けすることもある。

！ 恐竜なみの超強力なあご！
ワニの仲間のかむ力は2t以上ともいわれ、動物の中でも最強クラス。大型肉食恐竜のT・レックスに並ぶほどの力があると推測する学者もいる。

🔍 人間の指より敏感！
ナイルワニの頭部や口には、人間の指先よりもずっと敏感な感覚器がついている。獲物が発するどんなわずかな動きも見逃さない。

気性があらい超大型ワニ
ナイルワニ

爬虫類

体長	3〜5.5m
すみか	アフリカ・マダガスカル

アフリカでは最大最強のワニ。川や湖にすみ、ふだんは魚やカエルなどの小動物を食べているが、ときには川の水を飲もうと岸辺に近づいてきたシマウマやアフリカスイギュウなど、大型の動物をとらえて食べることもある。気性があらく、目の前を横切るものを無差別に何でも食べようとするので、人間がおそわれることも少なくない。

相手をよく知ろう
必殺の「デスロール」！

シマウマなど、一口で食べられない大きな獲物をとらえたときには、体をぐるぐると回転させ、水面にたたきつけながら、その勢いで獲物を引きちぎる。通称「デスロール」と呼ばれる、ナイルワニの必殺技だ。

ほかにもいる！ 危険なワニの仲間

イリエワニ

ナイルワニよりもーまわり大きい、世界最大のワニ。東南アジアやオーストラリア北部などにすむ。淡水域だけでなく海水にも耐性があるため、なんと海を泳いで島々を移動することができる。日本でも過去に西表島で発見された例がある。ナイルワニと同じデスロールのような技はめったに使わないが、やはり攻撃性が強く、大きな獲物をとらえたときには、首をブンブンと左右にふって、肉を食いちぎる。

Dangerous Creatures File
≫No.005

体毛と年齢
全身が黒い毛でおおわれているが、人間と同じように年をとると白髪が増えてくる。額がはげ上がるものもいる。

高い知能
動物の中でもとくに知能が高く、訓練によって簡単な言葉や文字を覚えることができる。また、じゃんけんなどのルールを理解して遊ぶゲームや、知的ないたずらを楽しむこともできる。

！車のガラスをたたき割るパンチカ！
軽々と木を登り降りするチンパンジーは、とても腕の力が強い。強烈なパンチ力をほこり、人間が乗った車のフロントガラスを素手でたたき割ったこともある。

！肉をかみ切るためのするどいきば！
チンパンジーは果物や植物も食べるが、イノシシや、同じサルの仲間の肉も大好物。だから、肉をかみちぎることができるように、このようなするどいきばをもっている。

頭がいいだけではなく、凶暴性も見せる！
チンパンジー

哺乳類

体長 65〜95cm
すみか アフリカ中部

アフリカ中部の森に暮らす、大型霊長類。果物や植物のほか、小型の動物もとらえて食べる雑食動物。体は大きくないが、ゴリラよりもずっと攻撃的な性格で、人間が戦争をするように、チンパンジーもほかの群れを攻撃して殺し合うことがある。知能が高く、かしこいことで知られているチンパンジーだが、実はとても凶暴なのだ。人間をおそって怪我を負わせたり、殺したりしてしまう事件も起こる。

相手をよく知ろう ほかの群れをおそう！

それぞれの群れは対立関係にあり、チンパンジーはたびたびほかの群れをおそうことがある。おそうのもおそわれるのもオスの場合がほとんどで、集団から離れている個体をわざとねらい、複数でたたきのめす。

相手をよく知ろう 道具を使う！

チンパンジーは器用に道具を使う数少ない動物。長い枝をシロアリの巣に突っこんで枝についたものをなめとったり、石を使って木の実を割ったり、葉ですくって水を飲んだりする。

Dangerous Creatures File
≫No.006

🔍 狩りの成功率はライオン以上！
ブチハイエナは人のものを横どりするイメージが強いが、実はライオンの方がブチハイエナの獲物をうばいとることが多い。ライオンはブチハイエナにとって、永遠のライバルなのだ。

❗ 骨までかみくだく強力なあご！
ブチハイエナはあごの力がとても強く、ほかの肉食動物が食べ残してしまうような骨までかみくだいて、獲物を食べつくすことができる。あまった骨は巣まで運び、非常食にして、うえをしのぐ。

🔍 するどい嗅覚と聴覚
ブチハイエナは夜行性。するどい鼻と耳の力で、においと音にたより、狩りをする。しかも、眼もいいので、夜でも獲物をしっかり見分けることができる。

❗ 獲物を追いつめるスピードとスタミナ！
後ろあしの短い独特なスタイルだが、最高速度は時速60kmにも達する俊足だ。さらに、並外れたスタミナを合わせもち、ねらった獲物がつかれるのを待ちながら、数km以上走り続けることができる。

獲物を横どりする卑怯者の代名詞？
実は優秀なハンター
ブチハイエナ

哺乳類

体長	約1.6m
すみか	アフリカ

アフリカ大陸に暮らす肉食動物。「ハイエナ」というと、ほかの動物から獲物をうばいとるダークなイメージが強いが、ブチハイエナは食べ物の半分以上を自ら狩りをしてとらえる。抜群のチームワークをほこる、優秀なハンター集団だ。実はヒョウやチーターよりも強いといわれており、ライオンくらいしか敵がいない。おもにシマウマやヌーを食べるが、まれに人間もおそうため、その存在は、現地の人々にたいへんおそれられている。

相手をよく知ろう 群れで獲物をしとめる！

3〜80頭で構成される「クラン」と呼ばれる群れをつくり、獲物を狩る。ブチハイエナはとても早食いで、20頭の群れがたったの13分で100kgもあるヌーを食べ切った、という報告もある。

中には群れをつくらず、単独やペアで行動するものもいるが、ブチハイエナは社会的な群れをつくって生活することで知られている。ブチハイエナはオスよりメスの方が体が大きくなる。群れのリーダーはメスだ。

ブチハイエナの群れはメス中心社会。おしゃべりなのは、ブチハイエナのメスも人間の女の人も同じ!?

相手をよく知ろう 鳴き声で会話する！

ブチハイエナは12種類もの鳴き声を使い分け、仲間とコミュニケーションをとっている。その中の1つが人間の笑い声にとてもよく似ていることから、英語では「笑いハイエナ」とも呼ばれている。

Dangerous Creatures File
≫No.007

どろ浴びが好き
昼間は水辺でどろ浴びをしていることが多い。どろの水分で体温を下げ、乾燥を防ぐほか、体に寄生虫がつかないようにする。生きるためのかしこい知恵だ。

1t近くにもなる巨体！
大きいものだと体重は1t近くになる。その巨体でぶつかられると、ひとたまりもない。ライオンやブチハイエナでさえ、アフリカスイギュウをおそうのは、たいへん勇気がいることなのだ。

武器にも防具にもなる巨大なつの！
アフリカスイギュウの左右のつのは、頭全体をおおっていて、まるでがんじょうなヘルメットのよう。武器にも防具にもなる優れものだ。

巨大な体とつのを武器に突進！
アフリカスイギュウ

哺乳類 / 体長 2.4〜3.4m / すみか アフリカ

アフリカンバッファローとも呼ばれる巨大なウシの仲間。気性がとてもあらく、アジアスイギュウのように人間が飼いならして家畜にすることはできない。早朝や夕方に草を食べ、日中は暑さをさけて休んでいることが多い。力が強く、群れで生活しているため、ライオンでさえアフリカスイギュウをしとめるのはかなり難しく、返り討ちにされることもある。人間がおそわれて命を落とすことも多く、「未亡人製造機」や「黒い死神」などのおそろしい異名をもつ。

相手をよく知ろう ライオンを撃退!

アフリカスイギュウをねらうのは、ライオンでも命がけだ。草食動物でありながら、性格がとてもあらいので、おそってきたライオンを、逆に突き殺してしまうこともある。

相手をよく知ろう 1000頭をこえる群れ!

大草原で暮らすアフリカスイギュウの群れは、1000頭をこえる巨大な集合体になることも。

▶▶もっと知りたい！危険生物

防御は最大の攻撃？
防御力の高い危険生物たち

ほかの動物をおそうための、するどいつめやきば。危険生物といえばそんな攻撃的なイメージがあるかもしれない。ここでは逆に、身を守るための防御に特化した、ユニークな危険生物たちを紹介しよう。

敵の顔に針の
ついたしっぽを
たたきつける！

カナダヤマアラシ

北アメリカ大陸にすむ。背中やしっぽにするどい針のような毛をもつのが特徴だ。敵におそわれると木の上などに逃げる。しかし逃げられず、追いつめられると背中の針を逆立てて警告する。それでも相手があきらめないときには、針のついたしっぽを顔にたたきつけ、おそってきた動物から攻撃的に身を守る。カナダヤマアラシの針には、一度刺さるとぬけにくいように「返し」がついている。刺された動物は、針で受けた傷が原因で死んでしまうこともある。

シロサイ

アフリカでは、アフリカゾウに次ぐ巨大なサイの仲間。顔の真ん中に2本の大きなつのをもつ。とても分厚く固い皮膚が体をおおっている。この鎧のような皮膚は、ライオンのするどいきばをもってしても通らないので、シロサイをおそう肉食動物はめったにいない。地面の草を食べるために口が横に広がっている。実は、「シロサイ」という名前は、英語の「wide（広い）」を「white（白い）」と聞きまちがえたためにつけられたといわれている。

"シロサイ"だけど体が白いわけじゃない！？

ゾリラ

世界一こわいもの知らずの動物！

特技はおしりから出るくさ～い液！

見た目と行動がスカンクにとてもよく似ているので、「アフリカのスカンク」と呼ばれる雑食動物。敵が近づくと、後ろ向きになってしっぽを突き立てる。そして肛門近くから強烈な悪臭のする液をふきかけて、相手を撃退する。それでも相手がひるまないと、いったん死んだふりをして、すきを見て逃げ出す。

ラーテル

ハチの巣をおそうことで知られるイタチの仲間。頭から背中にかけて、よくのび縮みするがんじょうな皮膚におおわれている。体は小さいがこわいもの知らずな性格で、ライオンやブチハイエナにもおそれずに立ち向かう。ラーテルは、なんとコブラの毒にも耐えることができる。かまれてもしばらく待てば回復してしまうという。

Dangerous Creatures File
≫No.008

🔍 狩りの成功率は意外と低い

トラはライオンとちがって単独で狩りをする。待ちぶせするよりも積極的に歩きまわるスタイルなので、意外と狩りの成功率は低い。10～20回の狩りで、ようやく1匹の獲物をとらえることができるといわれている。

❗ 盛り上がった肩の筋肉！

背中に盛り上がった肩の筋肉は、前あしの力がとても強い証拠。獲物をがっちりと押さえつけて、決して離さない。

🔍 しげみにとけこむしま模様！

黄色と黒のしま模様は、一見とても目立つが、草むらに入るとカモフラージュの効果があらわれ、獲物に気づかれることなく近くまでしのび寄ることができる。

❗ するどいきばで獲物をしとめる！

大きく長く発達した、するどいきばで急所をかみ切り、自分の体より大きな獲物でも、一瞬でしとめる。

しのび寄り、飛びかかって狩る！
トラ

実はライオンよりも大きな体をもつ、世界最大のネコ科の仲間。草むらにまぎれて獲物に近づき、驚異的な瞬発力とジャンプ力で飛び出して、おそいかかる。筋肉の発達した大きな前あしで押さえつけると、するどいきばで獲物の急所を食いちぎる。シベリアでは、ヒグマがトラに殺されることもあるという。

哺乳類
体長 1.4～2.9m
すみか アジア・ロシア東部

相手をよく知ろう

獲物に飛びかかる！

よく発達した後ろあしで力強くジャンプし、獲物との距離を一気につめる。アメリカ合衆国の動物園では、4mもあるへいを飛びこえ、見物していた人を殺してしまった事故も起きているぞ。

相手をよく知ろう

泳ぎも得意！

ネコ科の仲間の動物は水に入って泳ぐのが苦手なものも多いが、トラはちがう。川をわたるだけでなく、泳いで獲物を追いかけることもできる。ときには数十km泳ぎ続けることもある。

Dangerous Creatures File
≫No.009

🔍 コミュニケーション
しぐさや表情、視線、鳴き声、においなどで仲間と緻密にコミュニケーションをとり、群れをまとめ上げている。

🔍 イヌの先祖
人間に飼われているイヌはオオカミにとても近い遺伝子をもっている。かつて人間が飼いならしたオオカミたちが、今日のイヌの原型になったといわれている。

❗ 獲物を追い続けるスタミナ！
時速30kmの速さで7時間以上も走ることができるほど、持久力に優れている。ハイイロオオカミはすごいスタミナのもち主なのだ。

息の合ったチームワークは動物界一！
ハイイロオオカミ

「パック」と呼ばれる数頭の群れをつくり、仲間で狩りをして生活する。群れの中ではとてもきびしく順位づけがされていて、獲物を食べる順番や子どもを産むオオカミまで決まっているという。獲物が少なくなると、人間の生活するところまでやってきて、家畜をおそったり、残飯をあさったりして大きな問題になることもある。

哺乳類

| 体長 | 80〜160cm |
| すみか | ユーラシア・北アメリカ大陸 |

相手をよく知ろう しつこく獲物を追う!

オオカミが、元気な獲物をねらうことはあまりない。小さな子どもや怪我をして弱っている獲物を見つけると、相手がつかれ切るまでじっくり追いかけまわして、確実にしとめる。その方が狩りの成功率がいいからだ。

相手をよく知ろう きびしい階級制!

「パック」と呼ばれるオオカミの群れには、きびしい階級制がある。上から順にアルファ、ベータと続き、一番下の階級はオメガ。オメガは、ほかのオオカミたちの不満を受けとめ、群れの中のストレスを和らげるという役割も担う。

Dangerous Creatures File
≫No.010

⚠ 温度を感じる赤外線センサーつき！

ニシキヘビの口の先には「ピット器官」と呼ばれる温度センサーがついている。そのため、暗闇でも正確に獲物の放つ赤外線を感じ、とらえることができるのだ。

🔍 ふだんの動きは速くない

力は強いが、ふだんの動作はあまり速くない。しかし、獲物に飛びかかる動きは、とてもすばやい。

⚠ ヒョウや人間も飲みこめる体！

とらえた獲物は、食いちぎったりしないで丸飲みにする。ヒョウやウシ、人間ですら、丸ごと飲みこむこともある。お腹の中の獲物は、わずか数日で、あとかたもなく消化されてしまう。

🔍 まばたきをしない眼

ヘビはまばたきをしない。眼の表面には透明なうろこがあり、それで眼を守っている。

人間だって、ごくりと丸飲み！
アミメニシキヘビ

体長 6.5〜9.9m
すみか 南〜東南アジア
爬虫類

南米のオオアナコンダと並ぶ、世界最大級のヘビで、アジアの熱帯雨林に暮らす。獲物を見つけるとかみつき、相手がひるんだすきにぐるぐると巻きつく。きばには毒がないが、ものすごい力でしめつける。うまくしめ上げるとわずか数秒足らずで流れる血を断ち、心臓を止めて、獲物を殺してしまう。獲物が死んだあとは、ゆっくりと丸飲みにする。

相手をよく知ろう 巻きついて獲物を殺す！

毒がないアミメニシキヘビは、巻きついて獲物をしとめる。以前は息をできなくし、窒息死させると考えられていたが、最近の研究では強くしめ上げることで心臓を止めて殺していることがわかった。この方法ならわずかな時間ですみやかに獲物を殺すことができるのだ。

相手をよく知ろう 木に登る！

アミメニシキヘビは若い間は木の上で生活することが多い。体を木に巻きつけながら、するすると登っていく。しかし、成長して体が大きくなると地上を中心に暮らすようになる。

ほかにもいる！ 危険な大型ヘビの仲間

オオアナコンダ

体長は最大9m、体重は100kgをこえることもある、世界最重量のヘビ。南アメリカ大陸北部にすむ。水辺を好み、水を飲みにきた動物をおそう。非常に獰猛で、ブタやシカ、ワニ、さらにはジャガーまでも食べてしまう。アナコンダとは「ゾウ殺し」という意味がもとになっている。

Dangerous Creatures File
≫No.011

肩は筋肉のかたまり！
ハイイログマは、日本などにすむヒグマに比べて、肩の筋肉が大きく盛り上がっている。この筋肉でふりおろされるパンチは強烈！

巨体にもかかわらずあしが速い！
ハイイログマは、巨体にもかかわらず非常にあしが速い。時速50kmで走れるという報告もある。

500kgをこえたものがいた！
オスの方が体が大きくなる。平均体重は260kgくらいだが、最大のハイイログマになると、500kgをこえたという記録もある。

10cmにもなる長いつめ！
4つのあしに長いつめをもっている。特に前あしのつめは10cmにもなる。このつめは、ふだん地面をほったり、食べ物をがっちりつかんだりするのに使われるほか、獲物を一撃でふき飛ばす強力な武器にもなる。

北アメリカ大陸で、食物連鎖の頂点に君臨！
ハイイログマ

哺乳類
体長 1.8〜2.3m
すみか 北アメリカ大陸

グリズリーとも呼ばれる、ヒグマの仲間。北米域では食物連鎖の頂点に立ち、大きなトナカイやヘラジカ、アメリカバイソンなどを獲物として食べるが、肉以外にも、木の実や野イチゴ、魚などおいしいものは何でも食べる雑食動物。同じクマの仲間であるアメリカクロクマを食べたり、オオカミから獲物をうばったりするほか、住宅地の近くにあらわれ、人間が出したゴミなどをあさったりすることもある。

相手をよく知ろう 木に登る!

若いハイイログマは、木登りを得意とし、木の実などを食べる。しかし、成長して体が重くなるにつれ、めったに木には登らなくなる。

相手をよく知ろう 魚をとらえる!

ハイイログマにとって、サケやマスは大のごちそう。だから、これらの魚が産卵しにくる場所をよく知っており、待ちぶせしてとらえて食べる。魚のおいしい部分だけを食べると残りは捨ててしまうグルメな食べ方もする。

Dangerous Creatures File
No.012

とても鼻がいい
嗅覚がするどく、雪の奥深くにうまった食べ物でも、においで見つけることができる。その一方で、視覚や聴覚は、鼻ほど発達していない。

強力なあごで骨をくだく！
がんじょうな歯と強力なあごをもつ。獲物や敵の骨までかみくだくことができる。

雪の上でもすばやい！
あしのうらが大きく、体重が分散する特殊なしくみになっていて、雪の上でも自由に動きまわれる。そのおかげで、雪にあしをとられてうまく行動できない獲物を追いつめて、しとめるのが得意。

スパイクのようにするどいつめ！
あしにはするどいつめが生えている。このつめは、急な斜面や木の上、雪が積もったがけなどを登るときのスパイクとしてもたいへん役立つ。

左が人間、右がクズリのあしあと。深い雪にもあしがめりこまないので、すばやく行動できる。

小さいけれど、おそれ知らず！
クズリ

寒い地域にすむ、イタチの仲間。動物の死がいや木の実のほか、自分で獲物をとらえて食べる雑食動物。体が小さくても凶暴で「小さな悪魔」ともよばれる。オオカミや、おそろしいハイイログマから獲物をうばいとったり、自分よりはるかに体の大きいヘラジカでさえ、かみ殺してしまうこともあるという。

哺乳類

| 体長 | 60〜100cm |
| すみか | ユーラシア北部・北アメリカ大陸 |

相手をよく知ろう 木の上から獲物をおそう!

体が小さいため、大きな獲物をねらうときは、木の上から急に飛びかかって奇襲をかける。そのまま首など相手の急所を食いやぶるのが、クズリ独特のユニークな狩りの方法なのだ。

相手をよく知ろう 死んだ動物を食べる!

クズリは生きた動物も狩るが、死んだ動物の肉をあさることも多い。クズリの学名は「大食漢」を意味し、その名の通り、たいへんな食いしんぼうだ。オオカミの群れについていき、オオカミたちの食べ残しをあさって食べることもある。

Dangerous Creatures File
≫No.013

! 音を出さずに飛ぶ！

フクロウの仲間のはねには、ふつうの鳥にはないギザギザの部分があり、飛んでもほとんど音が出ない。日本の新幹線はこのフクロウのはねの構造を車体の上のパンタグラフに応用して、走行時の騒音をできるだけ少なくしている。

ワシミミズクのはねを拡大したところ。

平たい顔

アンテナが電波を集めるように、平たい顔はまわりの音を集めてくれる。ワシミミズクの耳の位置は左右がずれており、それによって、獲物の位置を、より正確に判断することができる。

獲物はごくんと丸飲みも

ワシミミズクは、ネズミや小鳥など小さな獲物ならごくんと丸飲みしてしまう。毛や骨は「ペリット」という状態にして、あとから吐き出すのだそう。

! あしの大きなかぎづめで獲物をしとめる！

5cmをこえる大きなかぎづめで獲物をしとめる。そして、するどいくちばしを使って肉を切りさく。

真っ暗闇でも決して獲物を逃さない！
ワシミミズク

鳥類 | 体長 約70cm | すみか ユーラシア

ユーラシア大陸に広く生息する猛禽類の中のフクロウの仲間。昼間は木や岩にとまって休んでいて、日がしずむころになると狩りに出かける。獲物が通りかかるのをじっと待っていて、見つけると音を立てずに滑空し、おそいかかる。ネズミやウサギのほか、ときには同じフクロウの仲間まで食べることがある。ワシミミズクが13kgにもなるシカをたおしたという報告もある。

驚異的な視覚!
相手をよく知ろう

フクロウの仲間は眼を動かすことができない。そのため視野は広くないが、左右それぞれに270°以上首をまわせる。おかげで獲物を両目でしっかり見ることができる。わずかな光でもとりこむことができる構造なので、夜目・遠目がきく。

つばさを広げると2m近くにも!

ワシミミズクは世界最大級のフクロウ。つばさを広げると、はしからはしまでの長さは、なんと1.8mにもなる!

自分で巣をつくらない
相手をよく知ろう

ワシミミズクは自分で巣をつくらず、岩棚や大きな木の穴、ほかの鳥が捨てた巣などにすみつく。

▶▶ もっと知りたい！危険生物

大きな獲物を丸飲みごっくん！
アミメニシキヘビの秘密！

ヘビの仲間は、とらえた獲物を丸ごと飲みこんで食べる。世界最大級のアミメニシキヘビともなると、ヤギなど大型の動物や、ときには人間の大人さえ丸飲みしてしまうという。

アミメニシキヘビは獲物を見つけると、まず、するどいきばでかみつく！

相手がおどろいたすきに、大きな体を巻きつけ、そのまましめ殺してしまう！

でも、ヘビはつかまえた獲物を、かみちぎって細かくすることができない……。

だから……丸飲み！

ワニなどの大きな獲物は、お腹の中で消化するのに数日かかることもある。

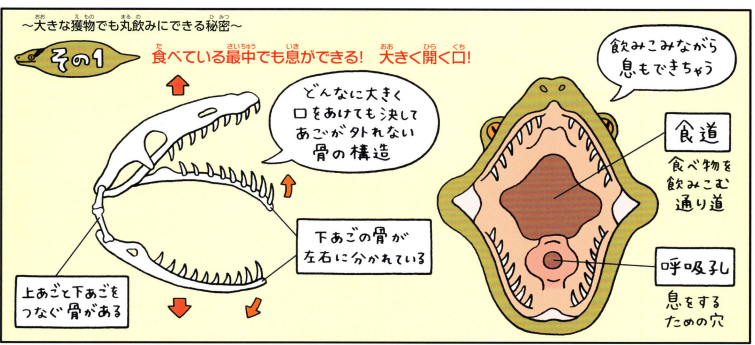

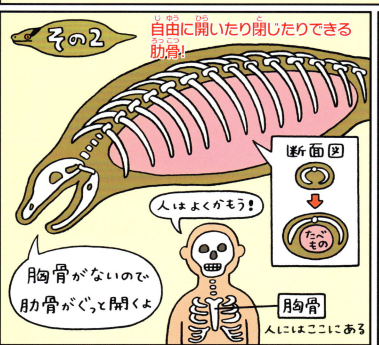

ニシキヘビの抱卵

アミメニシキヘビやニシキヘビの仲間は、卵から生まれる卵生の動物だ。アミメニシキヘビのような大きな種類にもなると、100個近くのたくさんの卵を産み、卵のまわりにとぐろを巻いて保護する。これを抱卵という。

このように、ヘビには抱卵の習性をもつものが数多くいるが、鳥のように卵を温めてかえすことができない。ヘビをふくむ爬虫類は変温動物のため、自分で体温を調整できないからだ。しかし、大型のビルマニシキヘビは、抱卵したあと、筋肉を収縮させて自分の体温を上げ、卵を温めて孵化させることができる。自分の意思で体温を調整できる数少ない爬虫類なのだ。

抱卵するビルマニシキヘビ。

Dangerous Creatures File
≫No.014

きばで一突き!
とても強力なあごをもち、ワニの鎧のように固い皮膚も軽々と食いやぶってしまう。そのかむ力は700kgをゆうにこえる。ジャガーはきばで獲物の頭がい骨に穴をあけ、脳にきばを突き刺して殺し、狩りをすることがある。ジャガーという名前の由来は先住民の言葉で「一突きで殺すもの」という意味なんだ。

太く短く、がっちりしたあし!
4つのあしは、ほかのネコ科の仲間と比べると、太く短く、がっちりとしている。これは木に登ったり、地面をはったり、泳いだりするジャングルでの生活に適応したもの。この力強いあしでふんばり、300kgをこえる獲物だって引きずって運ぶことができる。

模様でカモフラージュ
体毛は黄色で、黒い斑紋に囲まれたオレンジの模様があり、その中央に1〜2個点が入っているのがジャガー。この模様はジャングルの中でカモフラージュの効果がある。

遺伝子の突然変異で黒くなった、ブラックジャガーもいる。よく見ると、うっすら、ふつうのジャガーと同じ斑点模様がある。

南北アメリカ大陸最大最強のネコ科の仲間
ジャガー

哺乳類
体長 1.2〜1.8m
すみか 中央アメリカ・南アメリカ大陸

トラ、ライオンに次いで3番目に大きなネコ科の肉食動物。たいへんあごの力が強く、固いカメのこうらやワニの頭もかみくだいてしまう。人をおそうことはめったにないが、最近、人間が森林を減らしているせいで、ジャガーの獲物が減少しているため、人間がおそわれることもあるかもしれない。

相手をよく知ろう。静かにしのび寄る！

トラやライオンと同じように、獲物の近くまでしのび寄り、突然飛び出して不意をつき、おそいかかる。ワニ、シカ、カピバラ、キツネ、アナコンダなど、いろいろな種類の動物を獲物として食べる。

相手をよく知ろう。泳ぐのが得意！

ジャガーは水辺を好み、川や湖を泳ぐことができる。馬力のあるジャガーは、大きい獲物を口にくわえたまま、泳いで運ぶこともあるぞ。

Dangerous Creatures File
≫No.015

!獲物を切りさく するどいくちばし！
平らな下くちばしの上に、まるでフックのような、するどく曲がった上くちばしが重なっている。一度に運べない重い獲物は、この強力なくちばしで切りさき、バラバラに食いちぎる。

🔍 大きなつばさ
猛禽類の中でもとくに大型で、つばさを広げると全長2m以上になるものもいる。英語では「ハーピーイーグル」と呼ばれる。これはオウギワシのあまりの大きさから、ギリシャ神話に出てくる、顔から胸までが人間で、つばさと下半身が鳥の怪物であるハーピーにちなんでつけられた名前だ。

!獲物をつかんで殺す 長いかぎづめ！
オウギワシのかぎづめはタカやワシの仲間では最も大きく、13cmにもなる。140kgもの強い握力とこの強靭なかぎづめで、子どものブタやヤギまで、おそうことがあるという。

ジャングルの空を制す、サルもおそれる鳥の王者
オウギワシ

猛禽類の中でもとくに大型の鳥で、中南米ではジャガーに次ぐ強力なハンター。頭に黒いおうぎのようなはねかざりをつけているのが名前の由来だ。木々の生いしげるジャングルで暮らす。獲物を見つけると木の間をすりぬけるように飛んでいき、かぎづめでおそいかかる。そして、ものすごい握力で獲物をつかむと、木から引きはがして飛び去ってしまう。サルはこのオウギワシの姿を見つけると、悲鳴を上げて逃げまどうといわれている。

- **ちょうるい**：鳥類
- **体長**：約1m
- **すみか**：中央アメリカ・南アメリカ大陸

獲物をもち上げる！
相手をよく知ろう

オウギワシはとても力が強く、自分の体重と同じくらいの重さの獲物をつかんで飛ぶことができる。7kgのサルやナマケモノを軽々と木から引きはがし、飛び去ったという記録がある。

オウギワシの巣の中で見つかった動物の骨。たくさんの動物をそのまま連れ去り、巣で食べていることがわかる。

神話の怪物ハーピーは死後の世界に死者の魂を運ぶ役目があると伝えられているが、まさにその名前にふさわしい光景だ。

ていねいにひなを育てる！
相手をよく知ろう

木の高いところに、1mをこえる大きな巣をつくり、そこで卵を産む。オウギワシのつがいはそのひなが一人前になるまで、2〜3年もの長い時間をかけ、ていねいに子育てをする。子育て期間は警戒心が強く、巣に近づくと、いつにも増して攻撃的になる。

Dangerous Creatures File
≫No.016

血のにおいは逃さない！
ピラニアの嗅覚はするどく、血のにおいで獲物を見つけておそう。出血して弱っている獲物のにおいを敏感に感知することができる。

強力なきばとあご！
相手をよく知ろう
大きく三角形にとがったきばと、あごの強靭な筋肉を使い、動物の肉を一瞬で引きちぎる。

群れで行動する
ピラニアは群れで行動する。獲物を見つけると集団でいっせいにおそいかかる。

実はおくびょう
攻撃力の高い魚として知られているピラニアだが、実はかなり神経質でこわがりな性格。川の中では身をひそめて暮らしている。基本的に自分より大きい動物には手を出さず、逃げ出してしまう。

血のにおいをかぎとって獲物に食らいつく！
ピラニア・ナッテリー

魚類

| 体長 | 25〜35㎝ |
| すみか | 南アメリカ大陸 |

ピラニアという名前は、アマゾン川流域の先住民の言葉で「歯をもつ魚」という意味。名前の通り、強力なするどい歯をもち、魚や水に落ちたネズミ、鳥などを食べる。もともとはおくびょうな性格だといわれており、群れをつくって行動する。獲物から離れて安全圏にいて様子をうかがい、すばやく近づいて肉を食いちぎる。ただし、いったん群れ全体が興奮状態になると手がつけられなくなることも。

Dangerous Creatures File
≫No.017

水面で呼吸する
えらをもっているデンキウナギだが、たまに水面に出て空気呼吸もしないと死んでしまう。

水面にうかび上がって呼吸するデンキウナギ。

⚠ 体のほとんどが発電器官でできている！
デンキウナギの肛門から後ろ、その体の5分の4ほどが電気をつくるための発電器官となっている。水中なので、発電すると、自分の放った電気でデンキウナギ自身も感電する。ただし、厚い脂肪のおかげで死ぬことはない。

後ろ向きに泳げる
長い尻びれを使い、前向きにも後ろ向きにも泳ぐことができる。

相手をよく知ろう 電気を生み出す！
デンキウナギの体は、筋肉が変化した発電板という細胞におおわれている。デンキウナギは地球上の発電生物の中で最も強い電気を生み出す。長く触れ続ければ、人間ですら命の危険がある。

肛門が頭にある
ほかの魚類の肛門はそのほとんどが腹の下にあるが、デンキウナギの肛門はなんと、顔のすぐ下のえらの横にある。

電気ショックで獲物を一撃！
デンキウナギ

 魚類

| 体長 | 約2.5m |
| すみか | アマゾン川・オリノコ川 |

南米の川にすむ、細長い魚。ウナギという名前だが、日本で食べられているウナギとはまったくちがう種類。デンキウナギはにごってまわりが見えない水の中でも、自分の体から発生させた電気の力で電場を感じとり、獲物となる小魚を探し出すことができる。そして獲物に体当たりして感電させ、まひしたところを食べる。川をわたろうとした馬や人間がデンキウナギをふみつけて、感電することもある。

Dangerous Creatures File
≫No.018

たくさんの眼が集まった複眼
ハエの仲間はたくさんの眼が集まった複眼をもっている。複眼は視野が広く、獲物を見つけたり、敵の接近をすばやく察知したりすることができる。

体のよごれを落とす
病気やウイルスを媒介し、きたないイメージのあるハエだが、実はとてもきれい好き。あしを器用に使って、はねや体についたよごれをとる。

相手をよく知ろう 人間に寄生する！
幼虫は人間の皮膚に寄生することがあり、人間の体内のリンパ液を食べて成長する。皮膚に呼吸のための穴をあけてときおり体を出すし、体にはとげがあるので、かんたんに引きぬけない。

幼虫と、幼虫が人間の皮膚にあけた穴。

成虫には口がない!?
ヒトヒフバエの成虫にはなんと口がない。成虫になると何も食べずに交尾し、卵を産み、あっという間に命を終える。

人間の皮膚にもぐりこむ！
ヒトヒフバエ

中央アメリカから南アメリカ大陸にかけて生息する、寄生バエ。直接宿主に卵を産むのではなく、哺乳類の血を吸うカやハエに卵を産み、そのカやハエが宿主の血を吸おうとしたときに、移動して皮膚の下にもぐりこむ。幼虫は約8週間、宿主の組織を食べて生活し、さなぎになる直前に、傷口から外へ出ていく。毛がうすく、肌が露出している人間の皮膚にもよく寄生する。幼虫が成長するとかなり痛み、感染症にかかることもある。

昆虫

体長	約5mm
すみか	中央アメリカ・南アメリカ大陸

Dangerous Creatures File
≫No.019

凶暴で獰猛な性格！
相手をよく知ろう

獰猛な性格で、家畜や人間をおそうことがある。オーストラリアにはディンゴの侵入を防ぐため、合計すると9600kmにおよぶ長さのフェンスが設置されている。

群れで獲物をおそう！
ディンゴはタイリク（ハイイロ）オオカミの1亜種。オオカミと同じように群れで行動し、集団で狩りをする。

ほかの子どもを殺すメス
繁殖のとき、群れの中で優位な立場にいるメスが、ほかのメスの産んだ子どもを殺してしまうことがある。

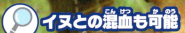
イヌとの混血も可能
ディンゴはイエイヌとの交配が可能だ。そのため100万頭をこえるディンゴ全体の3分の1以上が、イエイヌの血が入った雑種である、といわれる。現在では、純血種であるディンゴの数の減少が問題視されている。

イヌ？ それともオオカミ？
オーストラリアで野生化
ディンゴ

哺乳類

体長	約1m
すみか	オーストラリア・ニューギニア島・東南アジア

今から数千年前に、オーストラリアにわたった人間が連れてきたイヌが野生化したといわれている。砂漠や平原に群れをつくって暮らしている。先住民のアボリジニがペットとして飼いならすこともあるが、野生ではたいへん獰猛で、ヒツジなどの家畜をおそって食べる。人間がおそわれることもたびたびあり、ディンゴに赤ちゃんが連れ去られて、死亡したとされる有名な事件もある。

Dangerous Creatures File
≫No.020

鳥だけど飛べない
大きな体に比べてつばさがたいへん小さい。また、ヒクイドリのはねにはすきまが多く、風を受けとめることができない。

かぶとのような大きな冠
頭に、皮膚が固くなった「かぶと」のような大きな冠をもつ。しげみの中を歩くとき、この冠がかぶとのように頭を守ってくれる。オスよりメスの方が、大きくて長い冠になる。

殺人級のキックを武器にする世界一危険な鳥

ヒクイドリ

鳥類

- 体長 1.2〜1.7m
- すみか ニューギニア島・オーストラリア北部

ダチョウ、エミューに次いで、地球上で3番目に重い、飛べない鳥の1種。大きくて固いかぶとのような冠と、あざやかな青い首が特徴。のどにたれ下がる真っ赤な肉だれがまるで火を食べているように見えたので、ヒクイドリという名前がついたといわれている。熱帯雨林の森の中を歩きまわり、木の実や果物を食べる。飛んで移動することはできないが、時速約50kmの速さで走ることができ、その太いあしでけられたら、人間でも命を失いかねない。

がんじょうなあしとするどいつめ！
恐竜のような、うろこにおおわれたがんじょうなあしをもっている。3本の指の先には、刃物のようなするどいつめがついている。これで人間やイヌをおそって突き刺し、内臓を引きずり出すこともできる。

相手をよく知ろう オスが育メン鳥に！

ヒクイドリの世界は、一妻多夫。1羽のメスが数羽のオスと交尾する。メスが卵を産むと、オスがかえして、ヒナを育てる。子育て中のオスは神経質になっているので、うかつに近づくのはたいへん危険だ。

相手をよく知ろう 木の実を食べる

ヒクイドリは、おもに、森に生えている木の実を食べる。そのヒクイドリのふんからは種が芽ぶき、再び木になる。森を保つ自然の重要なサイクルの一部を担っているのだ。

ほかにもいる！危険な飛べない鳥の仲間

ダチョウ

ヒクイドリをしのぐ、世界最大の鳥。アフリカのサバンナや砂漠で暮らしている。走るスピードはヒクイドリより速く、なんと時速60km。するどいつめがついた2本指のあしをもち、ヒクイドリと同じくキックで攻撃する。その脚力で、人間の頭がい骨をくだいて殺してしまったこともある。

▶▶もっと知りたい！危険生物

危険生物よりも本当に危険な存在とは……。
密猟される動物たち

危険とおそれられる生き物たちを紹介してきたが、そんな危険生物たちも、つのや毛皮をねらった人間の密猟者たちによって命をうばわれている。本当に危険な存在とは、私たち人間なのかもしれない。

サイ

サイのつのは漢方薬や工芸品として重宝され、とくに中国やベトナムでたいへん高値で取引される。多くのサイが生息する南アフリカでは、毎年1000頭以上のサイが殺され、つのをうばわれた姿で発見されるという。密猟対策のため、あらかじめサイのつのを切り落としたり、つのの中にマイクロチップをうめこんで管理したりと、さまざまな取り組みがなされている。

ゾウ

美しく、加工しやすい象牙は昔から工芸品の材料として非常に高値で取引されてきた。しかし、人間が狩りすぎてしまった結果、ゾウの数が激減してしまった。そのため、現在では象牙の取引は厳しく制限されている。しかし、逆に象牙の値段がはね上がったことで、ゾウの密猟を行う人間が後を絶たず、大きな問題となっている。

ニシキヘビ

大型になるニシキヘビの仲間は、ヘビ皮の模様がたいへん美しく、皮をとるために密猟の被害にあうことが多い。アミメニシキヘビなど、ニシキヘビの皮も、その保護のため国際的な取引が厳しく制限されている。

トラ

動物の中でもトップクラスに大きく強い肉食獣のトラ。そんなトラの骨は漢方薬として使われるほか、毛皮もとても人気が高い。そのため、20世紀には人間による狩りや駆除が原因で、バリトラやジャワトラなど、3種類のトラの仲間が絶滅してしまった。もちろん今では、トラの毛皮の国際取引は厳しく制限されている。

Dangerous Creatures File
≫No.021

するどい嗅覚で獲物を見つける！
遠く離れたところにいるアザラシのにおいにも気がつくほど、するどく発達した嗅覚をもつ。

小さくて丸い耳
大きな耳だとそこから体温がうばわれてしまうので、ホッキョクグマは、小さくて、丸っこい耳をしている。

アザラシをしとめるパンチ！
ホッキョクグマの一番のごちそうとなる獲物は、アザラシ。気づかれないようにそっと近づくと、太い前あしからくり出す強烈なパンチでアザラシの頭をくだき、しとめてしまう。

寒さに耐える体
シロクマとも呼ばれるように、白く見えているけれど、実はこの毛は透明なんだ。毛の下の皮膚は黒くなっていて、透明な毛を通過した太陽の熱をしっかりと体に吸収できるしくみ。さらに、この透明な毛はストローのように中が空洞になっており、体温を外に逃がさない構造になっている。また、体の50％は脂肪でできており、大事な体の熱を内側に閉じこめている。

はば広いあし
あしは水をかきやすいように、はばが広くなっている。

極寒の地で狩りをする、陸上最大の肉食動物！
ホッキョクグマ

北極の氷の上で狩りをする。陸上に暮らす生物としては最大の肉食動物。ヒグマととても近い種類だが、毛の色や首の長さなど、極寒の氷上で狩りをし、海でも泳げるように適応した体になっている。獲物が少なくなると人間の暮らす場所の近くにあらわれることも増えてきて、とても危険だ。

ほにゅうるい	哺乳類
たいちょう	1.8〜3m
すみか	北極圏

相手をよく知ろう かなり頭脳派！

アザラシは氷の割け目や、自分であけた呼吸のための穴から、数十分に一度顔を出す。ホッキョクグマは、その穴を見つけると近くで根気強く待ちぶせし、出てきたところをとらえる。力が強いだけでなく、非常に頭のいい知的な狩りをする動物なのだ。

相手をよく知ろう 泳ぎが大得意！

陸上生物だが、北極海にうかぶ流氷の上で狩りをするため、ホッキョクグマは泳ぎがとても得意なんだ。氷の上で休んでいるアザラシを見つけると、逆に海中から泳いで近づき、突然水の上に飛び出しておそうこともある。

Dangerous Creatures File
≫No.022

目の下までさけた大きな口と強いあご

肉食動物特有のするどいきばと、がんじょうなあごをもち、口は眼の下まで大きく開く。とらえた獲物を激しくふりまわして引きちぎったり、海面で細かくかみくだいたりする。ときには海底に獲物の肉を隠し、保存食にすることもある。

体は大きいけれどすばやい！

オスだと300kg、メスだと500kgくらいの体重になる。大きな体だが、泳ぎはとても得意。ペンギンをはじめとする泳ぎが得意な動物も、ヒョウアザラシから逃げ切るのはとても難しい。

ひれ状に変化したあし

ヒョウアザラシは哺乳類。もともとあった4つのあしは、魚のひれのような形へと変化した。5本指の間には水かきもある。泳ぐことに特化して進化したのだ。

するどいきばをもつ南極のギャング
ヒョウアザラシ

哺乳類
体長 2.8〜3.8m
すみか 南極近くの海

南極大陸付近の海にすむ、大きなアザラシ。体に黒い斑点の模様があり、ヒョウに似ていることからこの名前がつけられた。南極大陸にはホッキョクグマのような捕食者となる天敵がいない。そのため獰猛なヒョウアザラシは最強のギャングとして、ペンギン、オットセイのほか、同じアザラシの仲間までもつかまえて食べることがある。海辺にいる人間をおそうことも。

相手をよく知ろう。ペンギンを待ちぶせ！

ヒョウアザラシの大好物はペンギンだ。ペンギンが集まっているところを見つけると水中で待ちぶせし、海に飛びこんできたところをつかまえる。ペンギンをくわえると、ふりまわし、海面にたたきつけ、殺してから食べる。

ナンキョクオキアミのような小さな生き物も食べるため、ヒョウアザラシの奥歯は小さな生き物をこしとることのできる、三叉の形状になっている。

相手をよく知ろう。歌ってメスを呼ぶ！

ヒョウアザラシのオスは、繁殖期になると海の中でとても複雑なメロディーの歌を歌う。これはオスが、交尾の準備が整ったことをメスに知らせるためだと考えられている。哺乳類ではたいへんめずらしい行動だ。

Dangerous Creatures File
≫No.023

分厚い脂肪
大きいと1.5tをこえるというセイウチの山のような体は、厚さ15cmもある脂肪でおおわれている。ホッキョクグマと同じく、脂肪で体の熱を閉じこめ、外側に逃がさないしくみになっている。

好奇心がとても強い
セイウチはとても好奇心旺盛な動物。鳥をおもちゃにして遊んだり、若いオス同士が浜辺で戦いごっこをしたりする。

！きばは長くなると1mをこえる！
上あごのきばは生きている間中、成長し続ける。長いものになるとゆうに1mをこえる。このきばはおもにオス同士の戦いに使うほか、氷に呼吸のための穴をあけたり、海底をほって獲物を探したり、陸に上がるときに巨体を支えたりするのに使われる。

敏感なひげ
鼻のまわりに大量の毛が生えている。このひげは、とても敏感なセンサーになっている。海底の土の中から獲物を探したり、ほり出したりするのに役立つ。

ホッキョクグマもおそれる山のような巨体
セイウチ

哺乳類
体長 2.5〜3.5m
すみか 北極圏の沿岸

巨大な体と長いきばをもつ、海獣。北極圏の海岸や氷山で大きな群れをつくって暮らしている。海底の貝やタコ、カニ、エビなどをとらえて食べる。人を食べるためにおそうことはないが、とても好奇心が強く、漁師がセイウチに海へ引きずりこまれて、おぼれて死ぬことがあるという。

1頭のオスとたくさんのメス、子どもからなるハーレムは数百頭もの大規模な群れになることも。

相手をよく知ろう　メスに囲まれるハーレム！

オスはきばを使って戦い、勝ったものだけが、たくさんのメスに囲まれて、ハーレムと呼ばれる群れをつくることができる。勝てなかったものは群れのはしに追いやられ、オス同士がかたまって暮らす。

相手をよく知ろう　ホッキョクグマと戦う！

おとなしそうに見えるセイウチだが、実はホッキョクグマがたいへんおそれている動物でもある。分厚い脂肪は、ホッキョクグマのするどいきばもつめも通せないばかりか、逆にセイウチの巨大なきばで追い返されてしまうこともあるからだ。

Dangerous Creatures File
≫No.024

大きな頭と丸いおでこがトレードマーク

オスだと、体長の3分の1が頭になっている。マッコウクジラの脳は平均7kgといわれ、ヒゲクジラの仲間で、より体の大きなシロナガスクジラの脳より重い。人間と比べても約4～5倍重く、地球上で一番大きな脳のもち主である。

超音波を出す

頭部にあるメロン体という脂肪でできた脳油を通して超音波（クリック音）を出し、獲物の位置を探ったり、仲間と会話したりする。メロン体の重量はなんと4tにもなるという！

！ 下あごに生える巨大な歯！

マッコウクジラは歯の生えているハクジラの仲間で、下あごだけに歯が生えている。大きな歯になると、なんと1本1kgもの重さになる。

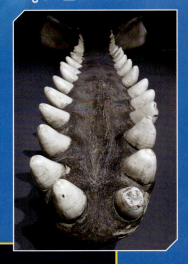

筋肉に酸素をためる

マッコウクジラの筋肉にはミオグロビンというタンパク質が多くふくまれていて、ここに酸素をたくわえておけるしくみ。それによって長時間、潜水し続けることができるのだ。

地球上で一番大きい歯のあるクジラ
マッコウクジラ

哺乳類

| 体長 | 11～19m |
| すみか | 世界中の海 |

マッコウクジラは、歯のあるハクジラの仲間の中で最大。巨大なおでこと頭が特徴的だ。世界中の海に生息しているが、とくに光がほとんど届かないような深海を好む。暗闇で眼が見えなくても、超音波をたくみに使い、集団で狩りをする。主食はイカで、巨大なダイオウイカなども獲物としてとらえ、食べてしまう。

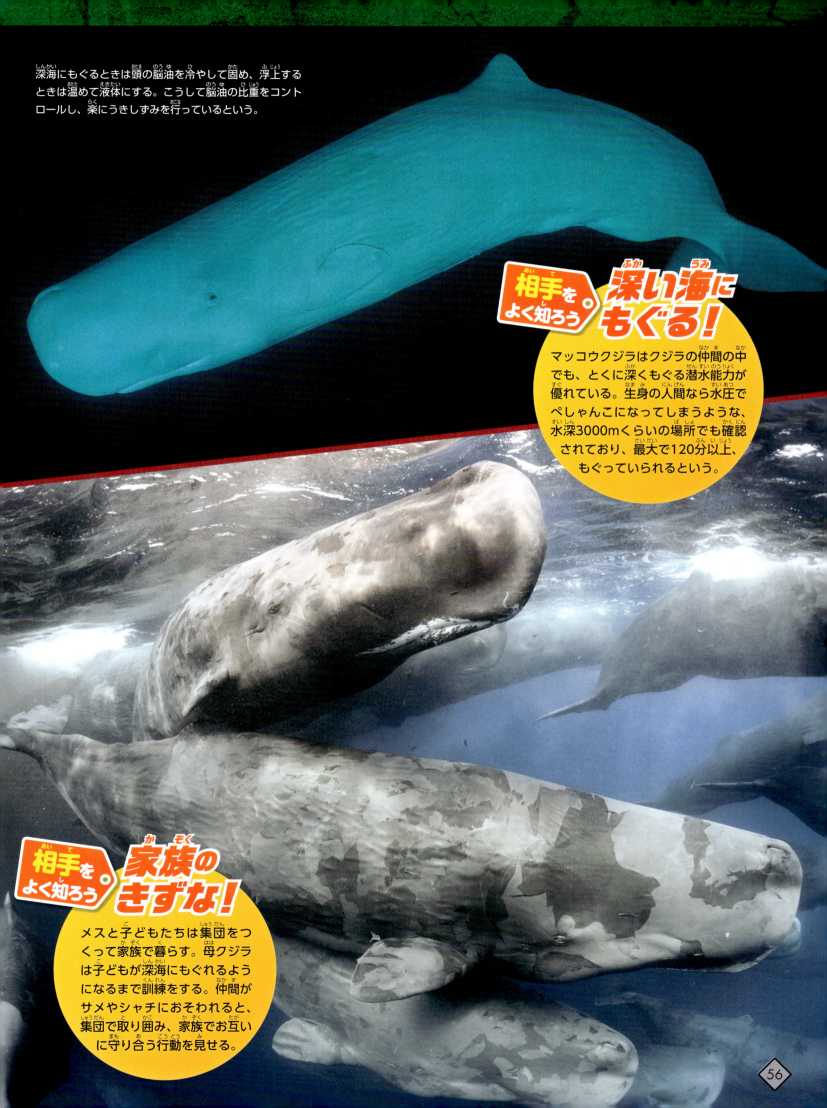

深海にもぐるときは頭の脳油を冷やして固め、浮上するときは温めて液体にする。こうして脳油の比重をコントロールし、楽にうきしずみを行っているという。

相手をよく知ろう 深い海にもぐる!

マッコウクジラはクジラの仲間の中でも、とくに深くもぐる潜水能力が優れている。生身の人間なら水圧でぺしゃんこになってしまうような、水深3000mくらいの場所でも確認されており、最大で120分以上、もぐっていられるという。

相手をよく知ろう 家族のきずな!

メスと子どもたちは集団をつくって家族で暮らす。母クジラは子どもが深海にもぐれるようになるまで訓練をする。仲間がサメやシャチにおそわれると、集団で取り囲み、家族でお互いに守り合う行動を見せる。

Dangerous Creatures File
No.025

超音波で狩り
マッコウクジラと同じように、超音波をたくみに使って狩りをする。シャチは魚などの獲物にこの超音波を集中的に当て、まひさせてから、とらえることもある。

! とても頭がいい
知能が高く、群れではさみうちをしたり、氷の下で待ちぶせしたりする。たとえば、サメをねらうときは、サメをひっくり返してからおそう。サメはひっくり返ると呼吸ができなくなり、身動きがとれなくなることをよく理解しているのだ。また、一度食べた魚を吐き出してそれを撒き餌にし、カモメをおびき寄せて食べるなど、頭脳プレーがさえわたる。

! 大きな口とするどい歯！
大きな口と、10cmもある、するどい歯をもっている。この歯を使って、アザラシやペンギンを海上でかみちぎって食べることもある。

知能・パワー・スピードすべてが海の生物で最強！
シャチ

哺乳類
体長 5.5〜9.8m
すみか 世界中の海

世界中の海に生息するハクジラの仲間。武器をもった人間以外、シャチに敵はいない。あの獰猛なホッキョクグマやホホジロザメさえあっさりとらえ、食べてしまう。とても頭がよくて、好奇心が強く、サーファーのあしをかんだり、水族館の飼育員を水中に引きずりこんで、おぼれさせたりという事故も報告されている。

海岸にいるオタリア（アシカの仲間）をおそうシャチ。陸上に上がっているときでも、シャチはところかまわずおそってくる。

相手をよく知ろう 家族で暮らす！

「ポッド」と呼ばれる、数頭から数十頭の、血のつながった群れで暮らす、社会的な動物であるシャチ。母シャチが狩りをしている間、ほかのメスが保育役として子守りをしたり、子どもに狩りの方法を教えたりと、ポッド内ではいろいろな気配り行動が見られる。

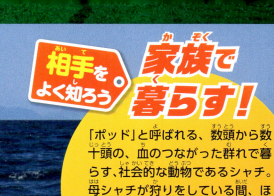

シャチは「コール」と呼ばれる方言をもつ。ポッド内独自の「コール」で情報を交換し、密なコミュニケーションをとる。

相手をよく知ろう おどろきのチームプレー！

氷の上で休んでいるアザラシを見つけると、仲間と協力して波を起こす。その大きな波でアザラシを海にたたき落とし、待ち受けるべつのシャチがつかまえる。おどろきの連携プレーだ。

▶▶もっと知りたい！危険生物

人もおそう！ホッキョクグマは意外に腹ペコ！

陸上では最大の肉食動物であるホッキョクグマ。力が強く、頭もいいホッキョクグマだが、それでも食べ物となる獲物を十分にとらえて生きていくのはたいへんなことなのだ。

ホッキョクグマの主食はアザラシ。アザラシが氷上で休んでいるときや、呼吸をしに海から氷の上に上がってくるところをねらってしとめるぞ！

だから氷がなくなる夏の間は、獲物となるアザラシをとらえることができなくなり、食べ物不足に。ほぼ絶食状態となり、やせ細ってしまう……。

夏の間、ホッキョクグマは陸地に移動し、体温を下げ、体の代謝をおくらせて、エネルギーを節約する。

この状態は「歩く冬眠」とも呼ばれる。

お腹をすかせたホッキョクグマは食べ物を求めて、人がすむ街にやってくることもある。

とても危険なので、車のクラクションや銃で追いはらう。ときにはヘリコプターまで使うことも！

中には、ペットのイヌがおそわれたり……、

島にキャンプに来ていた人が殺されてしまったり、ショッキングな事件も起こっている！

近年、地球温暖化の影響で北極の氷の面積がだんだんと少なくなっている。うえたホッキョクグマが人と出会う機会はますます増えていくかもしれない。

氷が減ると、獲物をとらえられないホッキョクグマはもちろん、人間も困ってしまう。温暖化の一番の原因は、人間の生み出す二酸化炭素だといわれている。北極から離れたところに暮らしている私たちも、もっと温暖化について考えてみよう！

ホッキョクグマとヒグマの雑種

　氷の面積が少なくなっていることは、ホッキョクグマにとって別の問題も引き起こしている。それは、陸地に入りこんだホッキョクグマとヒグマとの雑種問題だ。

　もともとホッキョクグマとヒグマはとても近い種類なので、動物園のように人工的な環境では雑種が生まれることがわかっていた。しかし、2006年にカナダ北部で不思議な色のホッキョクグマが見つかった。DNA鑑定の結果、これはホッキョクグマとヒグマの雑種だと判明した。

　温暖化でホッキョクグマが陸地に入りこんでいるだけでなく、ヒグマの方が北上しているというデータもあるようだが、いずれにせよ、ホッキョクグマは、ますます希少な動物になっていくのかもしれない。

アラスカでも確認された、野生のホッキョクグマとヒグマの雑種。ヒグマのような短い首と顔の色から、雑種だと見られている。

Dangerous Creatures File
No.001-025 INDEX

さくいん

あ
- アジアゾウ……………………… 10
- アナコンダ……………… 28・38
- アフリカスイギュウ
  ………………… 9・13・19・20
- アフリカゾウ…………… 9・10・22
- アミメニシキヘビ
  ………… 27・28・35・36・48
- アルファ………………………… 26
- イヌ……… 9・25・44・45・60
- イリエワニ……………………… 14
- オウギワシ………………… 39・40
- オオアナコンダ……………… 27・28
- オオカミ… 25・26・29・31・32・44
- オタリア………………………… 57
- オメガ…………………………… 26
- 温暖化（おんだんか）………………… 60

か
- カナダヤマアラシ……………… 21
- カバ………………… 7・9・11・12
- カモフラージュ………………… 23・37
- クズリ…………………………… 31・32
- クラン…………………………… 18
- グリズリー……………………… 29
- クリック音（おん）……………… 55
- コール…………………………… 58

さ
- サイ………………… 7・12・22・47
- 雑種（ざっしゅ）…………… 44・60
- ジャガー…………… 28・37・38・39
- シャチ…………………… 56・57・58
- 宿主（しゅくしゅ）……………… 43
- シロサイ………………………… 22
- セイウチ………………… 53・54
- 象牙（ぞうげ）………………… 48
- ゾリラ…………………………… 22

た
- ダチョウ………………… 45・46
- 超音波（ちょうおんぱ）……… 55・57
- チンパンジー………………… 15・16
- ディンゴ………………………… 44
- デスロール……………………… 14
- デンキウナギ…………………… 42
- トラ…… 23・24・35・37・38・48

な
- ナイルワニ………………… 13・14
- ニシキヘビ………………… 27・36・48
- 脳油（のうゆ）………………… 55・56

は
- ハーレム………………………… 54
- ハイイロオオカミ……… 25・26・44
- ハイイログマ…………… 29・30・31・60
- ハクジラ…………………… 55・57
- パック……………………… 25・26
- 発電板（発電器官）（はつでんばん・はつでんきかん）… 42
- ヒクイドリ………………… 45・46
- ヒグマ…………… 23・29・49・60
- ピット器官（きかん）………… 27
- ヒトヒフバエ…………………… 43
- ヒョウアザラシ………… 51・52
- ピラニア・ナッテリー………… 41
- ビルマニシキヘビ……………… 36

ま
- 複眼（ふくがん）……………… 43
- ブチハイエナ… 8・17・18・19・22
- ブラックジャガー……………… 37
- ベータ…………………………… 26
- ペリット………………………… 33
- ペンギン………………… 51・52・57
- 抱卵（ほうらん）……………… 36
- ホッキョクグマ… 49・50・51・53・54・57・59・60
- ポッド…………………………… 58

ま
- マッコウクジラ………… 55・56・57
- ミオグロビン…………………… 55
- 密猟（みつりょう）……………… 47・48
- メロン体（たい）……………… 55
- 猛禽類（もうきんるい）………… 33・39

ら
- ラーテル………………………… 22
- ライオン…… 7・8・12・17・19・20・22・23・37・38

わ
- ワシミミズク…………… 33・34

● 監修
小宮輝之

1947（昭和22）年、東京都生まれ。明治大学農学部卒業。多摩動物公園の飼育係となったのち、上野動物園、井の頭自然文化園などを経て、2004年、上野動物園園長に就任。現在は、動物の足形を墨で写しとる足拓墨師として活躍している。おもな著書に『いきもの写真館 べんりなしっぽ！ ふしぎなしっぽ！』（メディアパル）、『動物園ではたらく』（イースト・プレス）、監修書に『講談社の動く図鑑MOVE 危険生物』など多数。

●装丁・本文デザイン	DAI-ART PLANNING（白石友祐、宇田隼人、天野広和）
●本文イラスト	MARI MARI MARCH
●編　集	教育画劇（清田久美子）
	オフィス303（三橋太央、飯沼基子、水落直紀、上原あゆみ、永田春菜）
●写　真	アマナイメージズ／アフロ
●おもな参考文献	『講談社の動く図鑑MOVE』（講談社）／『ニューワイド 学研の図鑑』（学研教育出版）／『小学館の図鑑NEO』（小学館）／『動物大百科』（平凡社）など

何が怖い？　どこが危ない？　危険生物を知ろう！
1　最強勢ぞろい！　世界の危険生物

2018年4月1日　初版発行
2021年9月30日　2刷発行

発行者　升川秀雄
発行所　株式会社教育画劇
　　　　〒151-0051
　　　　東京都渋谷区千駄ヶ谷5-17-15
　　　　TEL 03-3341-3400
　　　　FAX 03-3341-8365
　　　　http://www.kyouikugageki.co.jp
印刷所　大日本印刷株式会社

N.D.C.480　64p　297×225　ISBN 978-4-7746-2124-1
（全3冊セットISBN 978-4-7746-3108-0）
©KYOUIKUGAGEKI, 2018, Printed in Japan

● 無断転載・複写を禁じます。法律で認められた場合を除き、出版社の権利の侵害となりますので、予め弊社にあて許諾を求めてください。
● 乱丁・落丁本は弊社までお送りください。送料負担でお取り替えいたします。